Ernst Probst

Krallentiere am Ur-Rhein

Die Forschungsgeschichte von Chalicotherium goldfussi

GRIN Verlag

Bibliografische Information der Deutschen Nationalbibliothek:

Die Deutsche Bibliothek verzeichnet diese Publikation in der Deutschen National-
bibliografie; detaillierte bibliografische Daten sind im Internet über http://dnb.d-
nb.de/ abrufbar.

Impressum:

Copyright © 2010 GRIN Verlag GmbH
Druck und Bindung: Books on Demand GmbH, Norderstedt Germany
ISBN: 978-3-640-76997-1

Dieses Buch bei GRIN:

http://www.grin.com/de/e-book/161754/krallentiere-am-ur-rhein

GRIN - Your knowledge has value

Der GRIN Verlag publiziert seit 1998 wissenschaftliche Arbeiten von Studenten, Hochschullehrern und anderen Akademikern als eBook und gedrucktes Buch. Die Verlagswebsite www.grin.com ist die ideale Plattform zur Veröffentlichung von Hausarbeiten, Abschlussarbeiten, wissenschaftlichen Aufsätzen, Dissertationen und Fachbüchern.

Besuchen Sie uns im Internet:

http://www.grin.com/

http://www.facebook.com/grincom

http://www.twitter.com/grin_com

Lebensbild des Krallentieres
Chalicotherium goldfussi.
Zeichnung von Pavel Major
im Dinotherium-Museum in Eppelsheim

Ernst Probst

Krallentiere am Ur-Rhein

Die Forschungsgeschichte
von Chalicotherium goldfussi

Gewidmet

Dr. Jens Lorenz Franzen,
ehemaliger Leiter der Abteilung Paläoanthropologie
und Quartärpaläontologie
am Forschungsinstitut Senckenberg
in Frankfurt am Main,
Wiederentdecker der
verschollenen Fossilfundstelle bei Eppelsheim
und Begründer
der ersten wissenschaftlichen Grabungen dort
sowie wissenschaftlicher Berater
beim Aufbau
des Dinotherium-Museums in Eppelsheim

Heiner Roos,
Altbürgermeister von Eppelsheim,
dessen Idee und Initiative
das Dinotherum-Museum
in Eppelsheim zu verdanken ist

Ute Klenk-Kaufmann,
Bürgermeisterin von Eppelsheim

*Der Paläontologe Jens Lorenz Franzen
aus Titisee-Neustadt, früherer langjähriger
Mitarbeiter am Forschungsinstitut
Senckenberg in Frankfurt am Main, ist der
Wiederentdecker der verschollenen Fossilfundstelle
bei Eppelsheim unter acht Meter
mächigen Deckschichten und Begründer der
ersten wissenschaftlichen Grabungen dort.
Er leitete Grabungen in Eppelsheim und
Dorn-Dürkheim in Rheinhessen, untersuchte
und beschrieb Fundstellen und Funde.
Kein anderer Wissenschaftler hat so lange
und so intensiv in den Ablagerungen des
Ur-Rheins gegraben wie er. Maßgeblich
war er auch am Aufbau des Dinotherium-
Museums in Eppelsheim beteiligt.*

INHALT

Widmung / Seite 5

Dank / Seite 11

Vorwort: Krallentiere am Ur-Rhein / Seite 13

Ein Huftier mit Krallenfüßen / Seite 15

Der Autor / Seite 59

Literatur / Seite 61

Bildquellen / Seite 63

Bücher von Ernst Probst / Seite 65

Dank

Für wertvolle Hilfe
bei der Entstehung dieses Taschenbuches
danke ich:

Dmitry Bogdanov,
Chelyabinsk, Russland

Dr. Jens Lorenz Franzen,
ehemaliger Leiter
der Abteilung Paläoanthropologie
und Quartärpaläontologie
am Forschungsinstitut Senckenberg
in Frankfurt am Main,
ab 1. 9. 2000 im Ruhestand
und seitdem ehrenamtlicher Mitarbeiter,
Titisee-Neustadt

Ute Klenk-Kaufmann,
Bürgermeisterin, Eppelsheim

Heiner Roos,
Altbürgermeister,
1. Vorsitzender des Fördervereins
Dinotherium-Museum e. V. Eppelsheim

Dr. Oliver Sandrock,
Hessisches Landesmuseum Darmstadt

Das Dinotherium-Museum in Eppelsheim (Kreis Alzey-Worms) informiert anschaulich über die exotische Tierwelt am Ur-Rhein vor etwa zehn Millionen Jahren. Im Mittelpunkt der sehenswerten Ausstellung steht ein Abguss des 1835 bei Eppelsheim entdeckten Oberschädels des Rüsseltieres Deinotherium giganteum. „Geistiger Vater" des Dinotherium-Museums ist der frühere Bürgermeister von Eppelsheim, Heiner Roos (rechts).

Vorwort

Krallentiere am Ur-Rhein

An den Ufern des Ur-Rheins lebte vor etwa zehn Millionen Jahren ein seltsames Säugetier. Es hatte eine Körperproportion wie ein heutiger Gorilla. Seine Vorderbeine waren merklich länger als seine Hinterbeine, weshalb seine Rückenlinie stark abfiel. Obwohl es zu den Unpaarhufern gehörte, trug es keine Hufe, sondern mächtige Klauen an den Vorder- und Hinterfüßen. Wenn sich dieses merkwürdige Geschöpf aufrichtete, um zu fressen, war es bis zu drei Meter hoch. Gefährlich werden konnten ihm allenfalls große Säbelzahntiger oder Bärenhunde. Über diese bizarr aussehende Kreatur namens *Chalicotherium goldfussi* informiert das kleine Taschenbuch „Krallentiere am Ur-Rhein" des Wiesbadener Wissenschaftsautors Ernst Probst. Gewidmet ist es dem Paläontologen Dr. Jens Lorenz Franzen in Titisee-Neustadt, Altbürgermeister Heiner Roos in Eppelsheim und der Bürgermeisterin Ute Klenk-Kaufmann in Eppelsheim, die sich – jeder auf seine Weise – um die Erforschung der Tierwelt am Ur-Rhein und um den Aufbau des „Dinotherium-Museums" in Eppelsheim verdient gemacht haben.

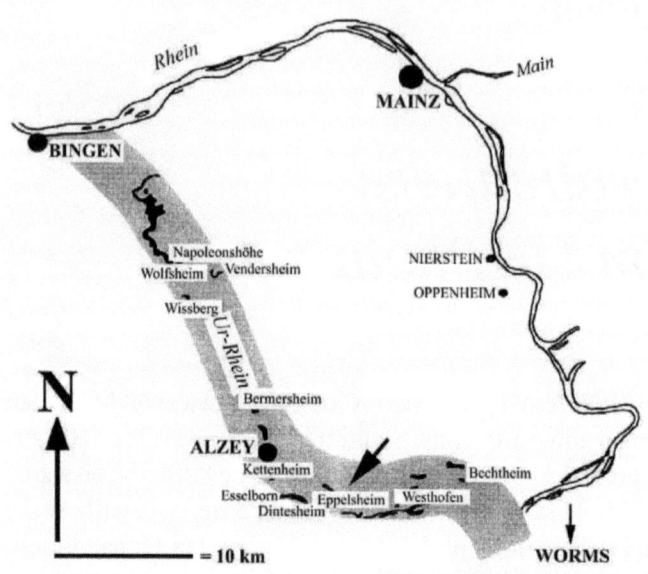

Dinotheriensand-Fundorte und Rekonstruktion des Verlaufes des Ur-Rheins in Rheinhessen. Zeichnung von Christine Hemm-Herkner nach einer Vorlage des Paläontologen Jens Lorenz Franzen (zum Teil nach Heinz Tobien 1980 und Joachim Bartz 1936)

Ein Huftier
mit Krallenfüßen

Eines der seltsamsten Säugetiere, das jemals in Deutschland gelebt hat, war das krallenfüßige Huftier *Chalicotherium goldfussi*. Dass dieses merkwürdige Geschöpf im Miozän vor etwa zehn Millionen Jahren auch am Ur-Rhein in Rheinhessen existierte, bewies eine unscheinbare Kralle, die in einer Sandgrube im Gewann „Jörgenbauer" bei Eppelsheim entdeckt und von dem Darmstädter Paläontologen Johann Jakob Kaup (1803–1873) untersucht wurde.

Eppelsheim ist einer der Fundorte mit Ablagerungen des Ur-Rheins. Seine Ablagerungen werden nach dem Rüsseltier *Deinotherium* (auch *Dinotherium*) als Dinotheriensande oder nach dem berühmten Fundort Eppelsheim als Eppelsheimer Samde bezeichnet. Dieser so genannte Dinotheriensand-Rhein floss aus dem Raum Worms quer durch Rheinhessen über Westhofen, Eppelsheim, Bermersheim, den Wissberg bei Gau-Weinheim und den Steinberg bei Sprendlingen (Rheinland-Pfalz) auf die Binger Pforte zu. Der damalige Strom berührte nicht – wie heute – die Gegend von Oppenheim, Nierstein, Nackenheim, Mainz, Wiesbaden und Ingelheim.

Kaup gab 1833 bei der ersten wissenschaftlichen Beschreibung von *Chalicotherium* keinen Hinweis, worauf dieser Gattungsname beruht. Vielleicht bedeutet er „Tier aus dem Kies" oder „Tier aus dem Kalk" (griechisch: chalyx = Kalk, Kies, lateinisch: calx = Kalkstein). Mit dem Artnamen *Chalicotherium goldfussi* ehrte er den Bonner Paläontologen Georg August Goldfuß (1782–1848).

Johann Jakob Kaup (1803–1873)

Georg August Goldfuß (1782–1848)

Édouard Lartet (1801–1871)

Statt des Gattungsnamens *Chalicotherium* findet man in älterer Literatur vielfach auch den 1837 von dem französischen Rechtsanwalt und Prähistoriker Édouard Lartet (1801–1871) aus Paris eingeführten Namen *Macrotherium* (griechisch: makros = groß, therion = (wildes) Tier). Dieser Begriff hat sich aber nicht durchgesetzt.

Kaup betrachtete die Kralle zunächst als Rest des „Riesigen Schreckenstieres" (*Deinotherium giganteum*), das er bereits 1829 erstmals wissenschaftlich beschrieben und benannt hatte. *Deinotherium giganteum* war in Wirklichkeit ein imposantes Rüsseltier mit einer Schulterhöhe von etwa 3,60 Metern, das im Unterkiefer zwei nach unten gerichtete, hakenförmig gekrümmte Stoßzähne trug. Dieses Tier wird in der Literatur auch als „Hauer-Elefant" oder „Rhein-Elefant" bezeichnet.

1841 hielt Kaup die erwähnte Kralle als Teil eines Riesenschuppentieres (Manidae), das sich von Ameisen ernährte. Tatsächlich handelte es sich aber, wie spätere Funde zeigten, um ein Tier, das wie eine Mischung zwischen Pferd und Faultier ausgesehen haben könnte. Anstelle von Hufen lief es auf Krallenfüßen.

Solche krallenfüßigen Huftiere oder Krallentiere fasst man in der Familie der Chalicotheriidae (Chalicotherien) – angeblich zu deutsch „Pferde mit großen Krallen" – zusammen, die eine der Hauptlinien der Unpaarhufer (Perissodactyla) bildete. Der Begriff Chalicotheriidae wurde 1872 von dem amerikanischen Zoologen Theodore Gill (1837–1914) geprägt. Die heute noch lebenden Unpaarhufer – wie Pferde, Tapire und Nashörner – haben Hufe an ihren Beinen. Zur Familie der Chalicotheriidae gehörten zwei Unterfamilien. Die ursprünglichere davon waren die Schizotheriinae, die fortschrittlichere die Chalicotheriinae. Die Begriffe Schizotheriinae und Chalicotheriinae wurden 1914 von dem amerikanischen Theologen und Natur-

Krallentier Macrotherium (heute Chalicotherium)
aus Sansan in Frankreich.
Zeichnung von Othenio Abel (1875–1946)

Theodore Gill (1837–1914)

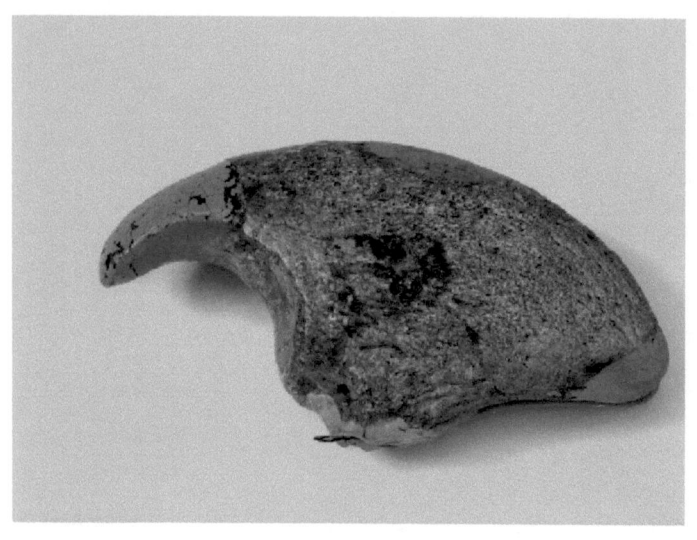

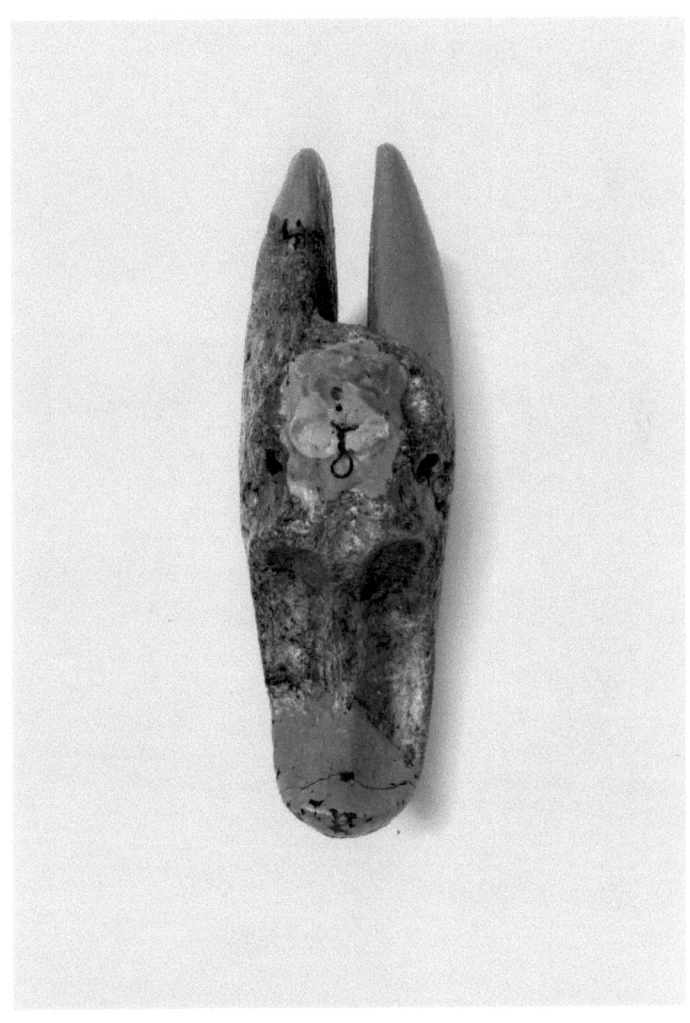

Kralle der Hand von Chalicotherium goldfussi von beiden beiden Seiten (Seite 22) und in Aufsicht auf die Gelenkfläche zur Kralle (Seite 23). Originale im Hessischen Landesmuseum Darmstadt

Abguss des 1835 im Gewann „Jörgenbauer" bei Eppelsheim entdeckten Oberschädels des Rhein-Elefanten oder „Riesigen Schreckenstieres" (Deinotherium giganteum) im Hessischen Landesmuseum Darmstadt

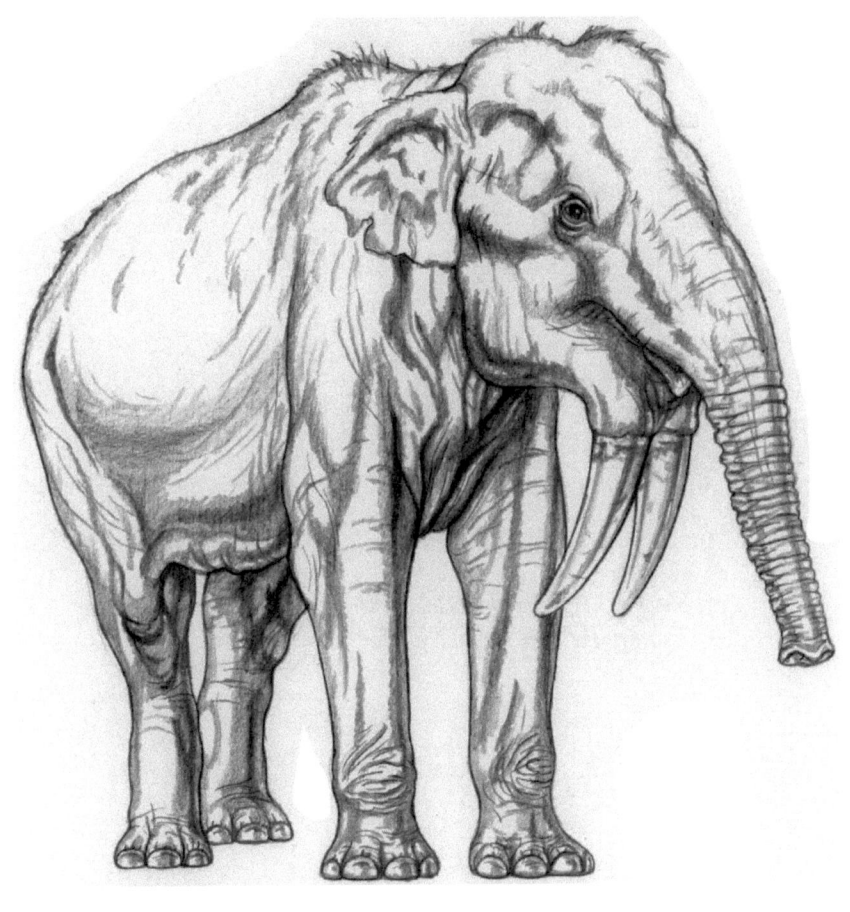

Rüsseltier Dinotherium giganteum.
Zeichnung von Pavel Major
im Dinotherium-Museum in Eppelsheim

Urpferd Hyracotherium (früher Eohippus genannt).
Zeichnung von Heinrich Harder (1858–1935)

wissenschaftler William Jacob Holland (1848–1932) und seinem Kollegen O. A. Petersen in die Literatur eingeführt.

Laut Online-Lexikon „Wikipedia" geht man heute davon aus, dass sich die Chalicotherien aus den Lophiodontidae entwickelten, die den Tapiren nahe stehen. Die ältesten Funde stammen aus dem Eozän vor rund 55 Millionen Jahren, wo sie bereits mit sechs Gattungen vertreten waren. Jene frühen Formen ähnelten noch sehr den anderen primitiven Unpaarhufern wie dem Urpferd *Hyracotherium* („Schliefer-ähnliches Tier"), früher *Eohippus* genannt, mit einer Schulterhöhe von nur 20 Zentimetern. Zu diesen frühen Gattungen aus dem oberen Eozän zählt die 1913 von dem amerikanischen Geologen und Paläontologen Henry Fairfield Osborn (1857–1935) erstmals wissenschaftlich beschriebene Gattung *Eomoropus*, die aus Nordamerika und Asien (China) nachgewiesen ist und belegt, dass beide Kontinente damals verbunden waren.

Im Oligozän wanderten mit *Schizotherium* die ersten Chalicotherien nach Europa ein. Jene Gattung gehörte zur Unterfamilie der Schizotheriinae. Im frühen Miozän erreichten *Metaschizotherium* und *Phyllotillon*, die beide zu den Schizotheriinae gehörten, ebenfalls Europa. Die Gattung *Metaschizotherium* wurde 1932 von dem Paläontologen Gustav Heinrich Ralph von Koenigswald (1902–1982) erstmals wissenschaftlich beschrieben, die Gattung *Phyllotillon* 1910 von Guy Ellcock Pilgrim (1877–1943).

Weitere Schizotheriinae waren die 1873 von dem amerikanischen Paläontologen Joseph Leidy (1823–1891) erstmals wissenschaftlich beschriebene Gattung *Moropus* („Langsamer Fuß") aus Nordamerika und Europa sowie die 1863 von dem französischen Gelehrten Jean Albert Gaudry (1827–1908) erstmals wissenschaftlich beschriebene

Henry Fairfield Osborn (1857–1935)
beschrieb 1913 das Krallentier Eomoropus.

Joseph Leidy (1823–1891)
beschrieb 1873 das Krallentier Moropus.

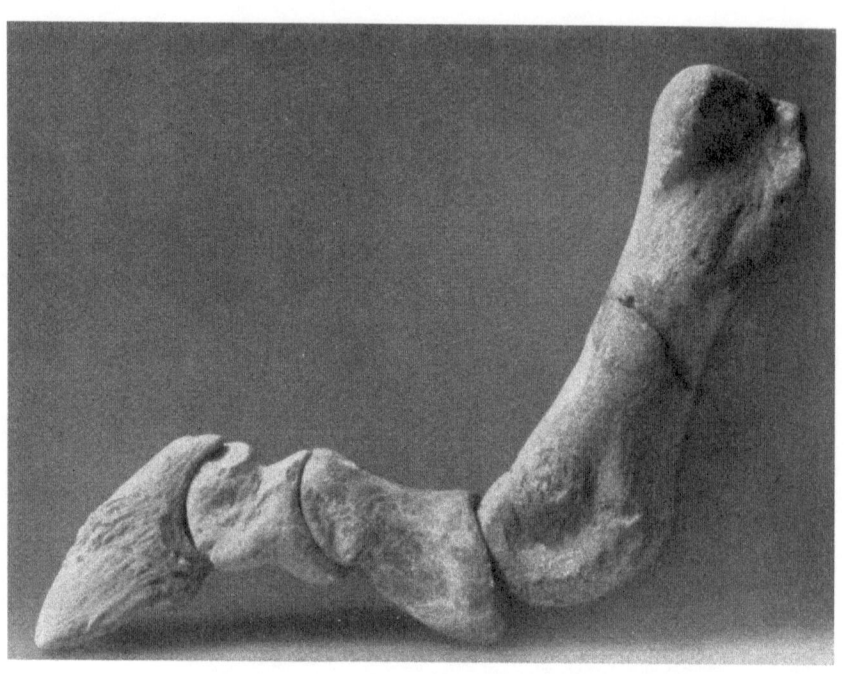

Dritte Zehe des Krallentieres Moropus elatus
von Agate Springs Fossil Quarry, Lower Harrison Beds,
Nebraska (USA)

*Skelett des Krallentieres Moropus elatus
im National Museum of Natural History,
Washington D.C. (USA)*

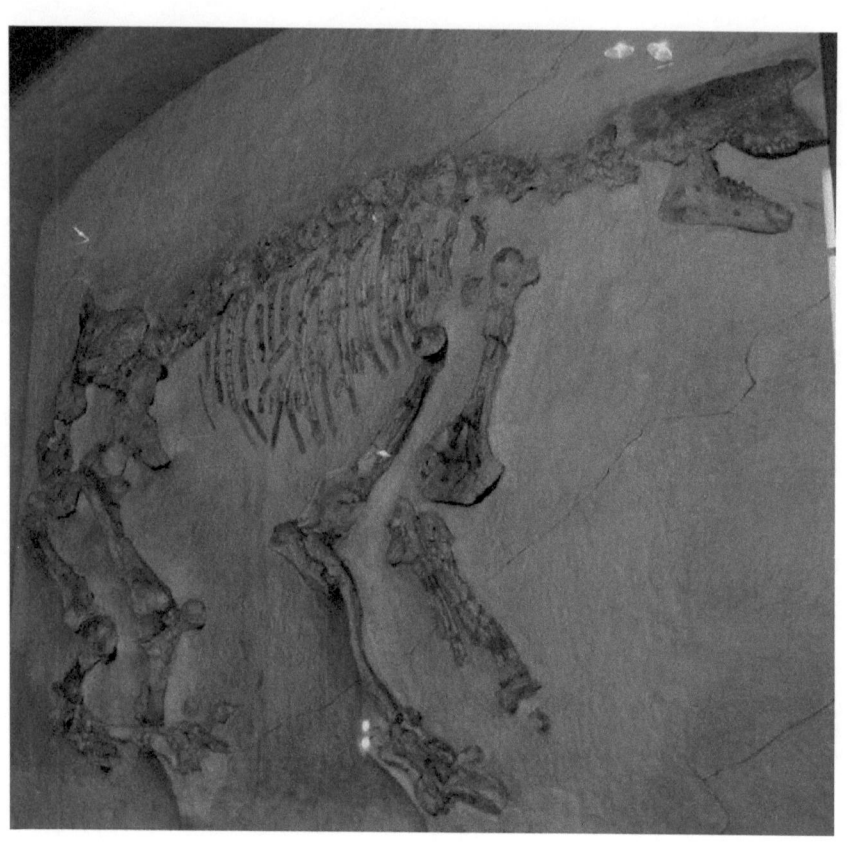

*Fossiles Skelett eines Krallentieres
der Gattung Chalicotherium,
früher auch Macrotherium genannt,
im „Museum national d'Histoire naturelle"
in Paris*

Rekonstruktion eines Krallentieres

Gustav Heinrich Ralph von Koenigswald (1902–1982)
beschrieb 1932 das Krallentier Metaschizotherium.

Gattung *Ancylotherium* aus Europa und Afrika. Beide Gattungen existierten im Miozän, in dem die Chalicotherien eine maximale Artenfülle erreichten. *Moropus* soll etwas größer als ein heutiges Pferd und eng mit *Chalicoterium* verwandt gewesen sein. *Ancylotherium* erreichte eine Schulterhöhe von etwa zwei Metern. Im Mittelmiozän wurden die Schizotheriinae in Europa von den Chalicotheriinae verdrängt.

Chalicotherium goldfussi erreichte bei aufgerichteter Haltung eine Gesamthöhe von schätzungsweise bis zu drei Metern. Männliche Krallentiere besaßen eine Schulterhöhe von rund 2,60 Metern, weibliche von nur ungefähr 1,80 Metern. Auf den ersten Blick waren die Chalicotheriinae recht merkwürdige Tiergestalten. Ihr relativ kleiner, pferdeähnlicher Kopf saß auf einem recht langen Hals. Er zeigt Anpassungen an eine blattfressende Ernährungsweise. Beim geschlechtsreifen Tier fehlen die Schneidezähne und die oberen Eckzähne. Offenbar genügten die muskulösen Lippen und das nackte Zahnfleisch, um das Futter abzuweiden. Die quadratischen, niederkronigen Mahlzähne (Molaren) weisen nur geringe Abnutzungsspuren auf. Das lässt darauf schließen, dass *Chalicotherium* nur weiche Vegetation verzehrte.

Der Körper des Krallentieres wirkte plump. Sein Schwanz war kurz. Weil die Vorderbeine merklich länger als die Hinterbeine waren, fiel die Rückenlinie stark ab. In der Literatur ist manchmal von einer bizarren Gorilla-artigen Körperproportion die Rede. Zuweilen wird auch auf gewisse Ähnlichkeiten mit Riesenfaultieren im Eiszeitalter hingewiesen. Evolutionsbiologisch gesehen sind die Krallentiere am nächsten mit den Pferden verwandt.

Von anderen Unpaarhufern mit huftragenden Laufbeinen unterschieden sich die Chalicotherien durch ihre mächtigen Klauen an den Vorder- und Hinterfüßen. Sowohl die Vorder- als auch die Hinterfüße trugen drei Zehen mit

Lebensbild
des Krallentieres
Chalicotherium (oben)
von Dmitry Bogdanov
(Foto unten)
aus Chelyabinsk
(Russland)

großen, tief gespaltenen Endkrallen. Ähnlich gebaute Krallen gibt es heute bei verwandtschaftlich weit entfernten Säugetieren wie amerikanischen Schuppentieren und Faultieren.

Die zur Unterfamilie der Schizotheriinae gehörenden Tiere gingen auf allen vier Sohlen und zogen dabei ihre Krallen ein. Dagegen winkelten die zur Unterfamilie der Chalicotheriinae zählenden Tiere beim Gehen ihre langen Krallen ähnlich wie heutige Ameisenbären nach hinten ab. Verknöcherungen auf der Rückseite der Handfingerknochen gelten als Hinweise dafür, dass das *Chalicotherium* ähnlich wie Schimpansen und Gorillas auf den Knöcheln ging. Wegen dieser Fortbewegungsweise dürfte das Krallentier kein schneller Läufer gewesen sein.

Hätten die Gelehrten von den Chalicotheriidae stets nur Fußreste gefunden, so wäre vermutlich kaum jemand auf den Gedanken gekommen, dass die Krallen zu Huftieren gehörten. Doch das ebenfalls gefundene Gebiss und das Skelett ließen keine andere Deutung zu.

Wozu aber brauchte *Chalicotherium goldfussi* von Eppelsheim und anderswo die großen Krallen? Der österreichische Paläontologe Othenio Abel (1875–1946) meinte, diese Tiere hätten in Dürrezeiten mit ihren Krallen Knollen, Pilze und Zwiebeln aus dem Boden geschart, wenn andere pflanzliche Nahrung nicht erreichbar war. Doch gegen diese Theorie sprach die Beschaffenheit der Mahlzähne. Diese hatten sehr niedere Kronen und eine W-förmig geknickte Außenwand. Der innere Teil der Zahnkrone wurde durch einen sehr schwachen und niederen Höcker gebildet. „Würden diese Tiere auf eine sehr harte Pflanzenkost, wie sie z. B. Steppengräser darstellen, angewiesen gewesen sein, so wären die Zähne schon lange vor der Erreichung des ausgewachsenen Zustandes des Tieres bis auf die Wurzeln abgekaut gewesen", meinte Othenio Abel.

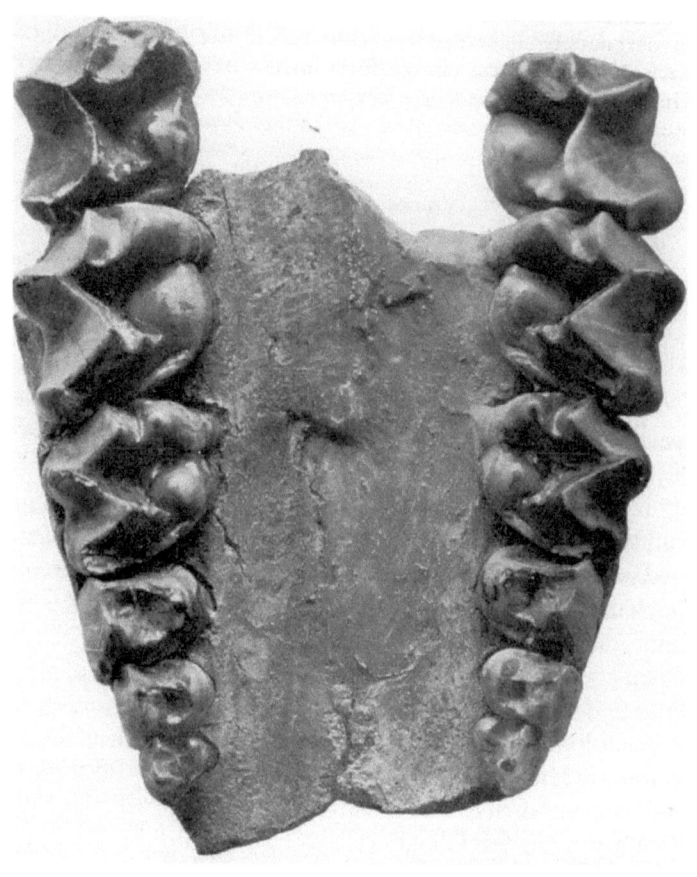

Oberes Gebiss (Backenzähne) von Chalicotherium goldfussi
von Nikolsburg (Mikulov) in Mähren.Dieser Fund wurde in
dem Buch „Lebensbilder aus der Tierwelt der Vorzeit"
(1927) von Othenio Abel (1875–1946) abgebildet.

Heute nimmt man an, dass diese urzeitlichen Säugetiere weiche und saftige Blätter von Sträuchern und Bäumen fraßen. Mit ihrer Körpergröße bei aufgerichteter Haltung bis zu drei Metern, den kurzen, kräftigen Hinterbeinen und den langen Vorderbeinen müssen die Chalicotherinae von Eppelsheim fähig gewesen sein, in den höheren Regionen der Vegetation zu äsen und mit der hakenförmigen Hand Äste herunterzuziehen. Ihr Lebensraum sollen Wälder und Savannen gewesen sein. Verdickungen am Sitzbein (Ischium) lassen den Schluss zu, die Krallentiere hätten längere Zeit auf ihrem Gesäß gesessen, vielleicht während des Äsens.

Eine lebensnahe Rekonstruktion im Naturhistorischen Museum Basel – die erste ihrer Art auf der ganzen Welt – zeigt zwei nachgebildete Chalicotherien mit Haut und Haaren. Eines der Tiere steht hoch aufgerichtet da, lehnt sich mit den Vorderextremitäten an einen Baumstamm und frisst Blätter von den Zweigen. Das andere stützt sich mit seinen überlangen Händen am Boden auf. Viele Merkmale im Bau des Hinterhauptes, der Wirbelsäule und des Beckens weisen darauf hin, dass das *Chalicotherium* einst sowohl stehend als auch sitzend Laub in einer Höhe abäste, die anderen Pflanzenfressern dieser Zeit unzugänglich war.

Die riesigen Krallen an den langen Händen von *Chalicotherium* dürften womöglich auch wirksame Verteidigungswaffen dargestellt haben, wenn ein Raubtier angriff. Wegen der enormen Körpergröße und der gefährlichen Krallen von *Chalicotherium* wird dies jedoch nur selten vorgekommen sein. Fressfeinde von *Chalicotherium goldfussi* am Ur-Rhein in Rheinhessen waren vermutlich der löwengroße Säbelzahntiger *Machairodus aphanistus* sowie die großen räuberischen Bärenhunde *Amphicyon eppelsheimenis* und *Agnotherium antiqum*. Der Säbelzahntiger *Machairodus aphanistus* erreichte eine Schulterhöhe von etwa einem Meter und ein Lebendgewicht von schätzungsweise 220 Kilogramm.

Raubtiere am Ur-Rhein in Rheinhessen
vor etwa zehn Millionen Jahren:
Säbelzahntiger Machairodus aphanistus (Seite 40),
Bärenhund Amphicyon eppelsheimensis (Seite 41 oben) und
Hyäne Ictitherium robustum (Seite 41 unten).
Zeichnungen von Pavel Major
im Dinotherium-Museum in Eppelsheim

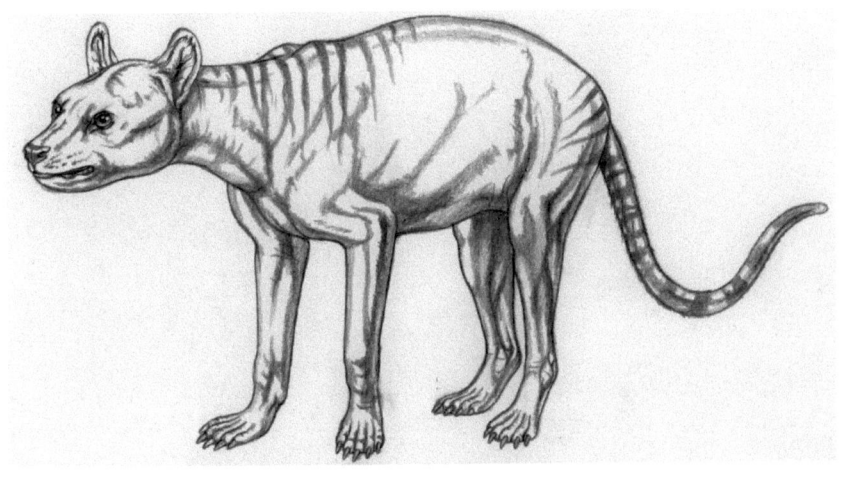

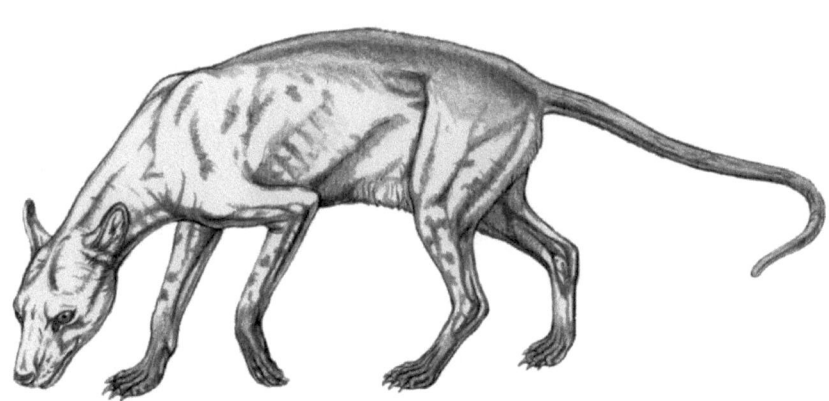

Luftbild der Grabungsstelle im Gewann „Auf dem Alzeyer Weg" bei Eppelsheim im Sommer 1998. Diese Aufnahme entstand bei einem Flug von Diplom-Ingenieur Ansgar Hemm, der damals in Usingen/Taunus lebte.

Luftbild der Grabungsstelle im Gewann „Auf dem Alzeyer Weg" bei Eppelsheim von 1999. Diese Aufnahme entstand während eines Fluges des Paläontologen Jens Lorenz Franzen mit einem Heißluftballlon.

Grabung des Naturhistorischen Museums Mainz / Landes-
sammlung für Naturkunde Rheinland-Pfalz im Gewann „Auf
dem Alzeyer Weg" bei Eppelsheim im Herbst 2008

Grabung des Naturhistorischen Museums Mainz / Landes-
sammlung für Naturkunde Rheinland-Pfalz im Gewann „Auf
dem Alzeyer Weg" bei Eppelsheim im Herbst 2008

*Tierwelt am Ur-Rhein bei Eppelsheim vor etwa zehn Milli-
onen Jahren auf einem Gemälde von Pavel Major aus Prag,
das im Auftrag der Gemeinde Eppelsheim angefertigt wur-
de: Im Vordergrund links und rechts hornlose Nashörner
(Aceratherium incisivum), dazwischen dreihufige Urpferde
(Hippotherium primigenium) und kleinwüchsige Hirsche
(Euprox furcatus). Im Hintergrund rechts eine Herde von
Rhein-Elefanten (Deinotherium giganteum), im Hintergrund
links auf der anderen Flussseite krallenfüßige Huftiere
(Chalicotherium goldfussi).*

Männliche Tiere des Bärenhundes *Amphicyon eppelsheim-ensis,* der Merkmale von Bären und Hunden in sich vereinte, brachten es auf eine Schulterhöhe von ungefähr 85 Zentimetern, eine Gesamtlänge von etwa 1,90 Metern und ein Lebendgewicht bis zu 300 Kilogramm.

„Gegen kleinere Räuber konnten sich die großen, aber jedenfalls schwerfälligen und zu schnellem Lauf kaum fähigen Tiere durch Krallenschläge erfolgreich verteidigen, gegen die großen Machairodonten waren die Tiere jedoch fast wehrlos", meinte Othenio Abel. Und er fügte hinzu: „Grabende Tiere sind in der Regel keine schnellfüßigen Typen und daher den Verfolgungen der Raubtiere fast hilflos preisgegeben, wenn ihnen nicht besondere Schutzmittel, wie ein starker Panzer, zu Gebote ste*hen*".

Zeitgenossen von Chalicotherium goldfussi am Ur-Rhein vor etwa zehn Millionen Jahren waren Rüsseltiere (der kleine Rhein-Elefant *Prodeinotherium bavaricum,* der große Rhein-Elefant *Deinotherium giganteum, die Ur-Elefanten Gomphotherium angustidens, Tetralophodon longirostris* und *Stegotetrabelodon gigantorostris*), Nashörner (das hornlose Nashorn *Aceratherium incisivum,* das kurzbeinige Nashorn *Brachypotherium goldfussi,* das zweihornige Nashorn *Dihoplus schleiermacheri*), Urpferde (*Hippotherium primigenium*), Wald-Antilopen (*Miotragocerus* cf. *pannoniae*), Zwergböckchen, (*Dorcatherium naui*), Gabelhirsche (*Euprox furcatus, Euprox dicranocerus, Amphiprox anocerus*), Zwerghirsche („*Cervus"nanus*), Schweine (*Propotamochoerus palaeochoerus, Conohyus simorrensis, Microstonyx antiquus*), Tapire (*Tapirus priscus, Tapirus antiquus*), Biber (*Palaeomys castoroides*), spitzmausähnliche Insektenfresser (*Plesiosorex roosi, Crusafontina kormosi*), Maulwürfe (*Talpa vallesensis*), Dolchzahnkatzen (*Paramachairodus ogygius*) Hyänen (*Ictitherium robustum*), Katzenbären (*Simocyon diaphorus*) und Menschenaffen

Heinrich Harder, geboren am 2. Juni 1858 in Putzar (Vor-
pommern), gestorben am 5. Februar 1935 in Berlin, gilt als
einer der bekanntesten deutschen Maler urzeitlicher Tiere.
Im Jahre 1900 zum Beispiel fertigte er 60 Lithografien für
die Karten-Reihe „Tiere der Urwelt" des Hamburger Ka-
kao- und Schokoloden-Herstellers Theodor Reichardt an.

Heinrich Harder schuf auch Lebensbilder von Säugetieren, die vor etwa zehn Millionen Jahren am Ur-Rhein in Rheinhessen lebten: das Nashorn Aceratherium (Seite 48 links oben), das Zwergböckchen Dorcatherium (Seite 48 links unten), das Rüsseltier Deinotherium (Seite 49 rechts oben) und das Urpferd Hippotherium (Seite 49 rechts unten).

(*Paidopithex rhenanus*, *Rhenopithecus eppelsheimensis*, *Dryopithecus* sp.). Reste dieser Tiere kamen vor allem bei Eppelsheim unweit von Alzey ans Tageslicht. Über diese exotische Tierwelt informiert das „Dinotherium-Museum in Eppelsheim", das der Initiative von Altbürgermeister Heiner Roos zu verdanken und nach dem Rüsseltier *Deinotherium* benannt ist. Zahlreiche Originalfunde aus Ablagerungen des Ur-Rheins in Rheinhessen – darunter auch Fossilien des Krallentieres *Chalicotherium goldfussi* – werden im Hessischen Landesmuseum Darmstadt aufbewahrt.

In Afrika und in Südostasien behaupteten sich die Chalicotherien bis ins frühe Eiszeitalter (Pleistozän). Ihr Aussterben wird auf eine drastische Veränderung der Umweltverhältnisse zurückgeführt. Damals wichen die Wälder zurück, und es erschienen größere Raubtiere, vor allem aber neue Huftiere, wie die Giraffiden, die als Nahrungskonkurrenten auftraten. Giraffen gab es im jüngsten Miozän (zum Beispiel in Griechenland) sehr häufig. Sie kamen auch im Wiener Becken vor. In Deutschland hat man bisher keine Giraffenreste gefunden, doch man wird sie vermutlich noch nachweisen können. Die Tierwelt der Dinotheriensande von Eppelsheim stellt in ihrer Hauptmasse eine Waldfauna dar, die noch vor der erwähnten Klima- und Umweltveränderung existierte.

Funde von *Chalicotherium* kennt man außer bei Eppelsheim auch von Esselborn, vom Wissberg bei Gau-Weinheim und Wolfsheim in Rheinhessen, von Frohnstetten auf der Schwäbischen Alb, von Salmendingen, Melchingen und Neuhausen in den schwäbischen Bohnerzen sowie von Oggenhausen bei Heidenheim an der Brenz.

Die meisten Fossilien von Chalicotherien an einem einzigen Fundort sind nicht in Deutschland, sondern in einer Felsspalte bei Neudorf an der March (Devínska Nová Ves), heute ein Stadtteil von Bratislava in der Slowakei , entdeckt worden. Dort fand man Reste – besonders Zähne – von nahezu 60 *Chalicotherium*-Individuen. Die rund 1.500 Knochen und Zähne wurden von dem Wiener Paläontologen Helmuth Zapfe (1913–1996) untersucht. Seine Erkenntnisse und die anderer Forscher versetzten den Präparator und Dermoplastiker im Naturhistorischen Museum Basel, Daniel Oppliger, in die Lage, zwei lebensechte Rekonstruktionen von *Chalicotherium* anzufertigen.

Der Fundreichtum von *Chalicotherium*-Fossilien bei Neudorf an der March hat die Annahme genährt, Krallentiere seien in Herden umhergewandert. Inzwischen geht man davon aus, im Laufe der Zeit seien immer wieder einzelne Tiere in dieselbe Spalte gestürzt. Vielleicht lebte *Chalicotherium* als Einzelgänger oder in kleinen Gruppen.

In Deutschland hat man auch Reste von Schizotheriinae entdeckt. Die 1876 von den französischen Paläontologen Paul Gervais (1816–1879) und Édouard Lartet (1801–1871) erstmals wissenschaftlich beschriebene Gattung *Schizotherium* ist aus Tutzing am Starnberger See (Bayern) und Ulm (Baden-Württemberg) bekannt.

Die 1932 von dem Paläontologen Gustav Heinrich Ralph von Koenigswald (1902–1982) erstmals wissenschaftlich beschriebene Gattung *Metaschizotherium* kennt man aus Steinheim am Albuch in Baden-Württemberg sowie Sandelzhausen bei Mainburg und Viehhausen bei Regensburg in Bayern. *Metaschizotherium* sah aus wie ein Pferd mit Krallenfüßen und war bis zu 2,50 Meter groß.

Bereits 1870 waren die Funde aus Steinheim am Albuch von dem am „Königlichen Naturalienkabinett" in Stuttgart als „Aufseher" (Direktor) tätigen Geologen Oskar Fraas (1821–1897) in seiner Abhandlung „Die Fauna von Steinheim" als *Chalicotherium antiquum* beschrieben worden. So hieß eine der beiden der damals aus Eppelsheim in Rheinhessen bekannten Arten, die jedoch nach Ansicht

Krallentier Chalicotherium
von Pikermi bei Athen in Attika (Griechenland).
Zeichnung von Othenio Abel (1875–1946)
aus dem Jahre 1920

Oskar Fraas (1821–1897)

Museumsführer „Das Dinotherium-Museum in Eppelsheim"
(2009) von Dr. Jens Lorenz Franzen, Heiner Roos und Ernst
Probst

späterer Autoren nur eine Art (nämlich *Chalicotherium goldfussi*) darstellen. 1932 erkannte Gustav Heinrich Ralphl von Koenigswald, dass die von Fraas beschriebenen Reste einer bis dahin verkannten Spezies angehörten, für die er den Artnamen *Metaschizotherium fraasi* vorschlug, womit Oskar Fraas geehrt wurde. Wegen einer gewissen Ähnlichkeit des Sprungbeins (Astragalus) von *Metaschizotherium* und des hornlosen Nashorns *Aceratherium* vermutete Koenigswald, dass vielleicht mancher *Metaschizotherium*-Rest als solcher eines Nashorns fehlgedeutet wurde.

Weil die Chalicotherien in erster Linie Waldbewohner waren, blieben von ihnen seltener Fossilien erhalten als bei Steppenbewohnern wie etwa Wildpferden der Gattung *Hippotherium*. In Wäldern sind die Bedingungen für die Überlieferung von Fossilien viel schlechter als in Trockengebieten.

Vom *Chalicotherium* liegen etliche Lebensbilder vor. Othenio Abel rekonstruierte 1920 ein Lebensbild von *Chalicotherium* aus Pikermi in Attika (Griechenland). Burkart Pfeifroth aus Reutlingen fertigte für das Buch „Deutschland in der Urzeit" (1986) von Ernst Probst eine Zeichnung an. Pavel Major aus Prag schuf für das „Dinotherium-Museum in Eppelsheim" ein Bild, das in dem Museumsführer „Das Dinotherium-Museum in Eppelsheim" (2009) von Dr. Jens Lorenz Franzen, Heiner Roos und Ernst Probst sowie in dem Taschenbuch „Der Ur-Rhein" (2009) von Ernst Probst veröffentlicht wurde. Im Internet kann man eine farbige Zeichnung von *Chalicotherium* des russischen Paläoartisten Dmitry Bogdanov aus Chelyabinsk bewundern.

Die bizarr aussehenden Chalicotherien erregen auch die Phantasie von Kryptozoologen. „Die Kryptozoologie versteht sich als Gebiet der Zoologie, das vor dem Menschen verborgene Tiere aufspürt und erforscht. Sie wurde um das Jahr 1950 von dem Zoologen und Publizisten Bernard

*Bergung des weltweit ersten Schädelfundes des so genannten
Rhein-Elefanten oder „Riesigen Schreckenstieres" (Deinotherium giganteum) im Jahre 1835 in einer Sandgrube im
Gewann „Jörgenbauer" auf einem Kupferstich von 1836.
Der Darmstädter Paläontologe Johann Jakob Kaup (1803-
1873) stand in der Grube (rechts unten) und überwachte
die schwierige Bergung des Fossils.*

Heuvelmans begründet", heißt es in der „Wikipedia". Immer wieder berichten Kryptozoologen über angebliche Sichtungen von Chalicotherien in der Gegenwart. Doch solche Meldungen konnten bisher nicht bestätigt werden.

Wissenschaftsautor Ernst Probst

Der Autor

Ernst Probst, geboren am 20. Januar 1946 in Neunburg vorm Wald im bayerischen Regierungsbezirk Oberpfalz, ist Journalist und Wissenschaftsautor. Er arbei-tete von 1968 bis 1971 als Redakteur bei den „Nürn-berger Nachrichten", von 1971 bis 1973 in der Zentral-redaktion des „Ring Nordbayerischer Tageszeitungen" in Bayreuth und von 1973 bis 2001 bei der „Allgemei-nen Zeitung", Mainz. In seiner Freizeit schrieb er Artikel für die „Frankfurter Allgemeine Zeitung", „Süddeutsche Zeitung", „Die Welt", „Frankfurter Rundschau", „Neue Zürcher Zeitung", „Tages-An-zeiger", Zürich, „Salzburger Nachrichten", „Die Zeit", „Rheinischer Merkur", „Deutsches Allgemeines Sonntagsblatt", „bild der wissenschaft", „kosmos", „Deutsche Presse-Agentur" (dpa), „Associated Press" (AP) und den „Deutschen Forschungsdienst" (df). Aus seiner Feder stammen die Bücher „Deutschland in der Urzeit" (1986), „Deutschland in der Steinzeit" (1991), „Rekorde der Urzeit" (1992), „Dinosaurier in Deutschland" (1993 zusammen mit Raymund Windolf) und „Deutschland in der Bronzezeit" (1996). Von 2001 bis 2006 betätigte sich Ernst Probst als Buchverleger sowie zeitweise als internationaler Fossilienhändler und Antiquitäten-händler. Insgesamt veröffentlichte er mehr als 200 Bücher, Taschen-bücher, Broschüren, Museumsführer und E-Books.

Literatur

ABEL, Othenio: Die vorzeitlichen Säugetiere, Jena 1914

ABEL. Othenio: Lebensbilder aus der Tierwelt der Vorzeit. Zweite, erweiterte Auflage, Jena 1927

BENTON, Michael: Tiere der Vorzeit von A bis Z, München 1991

FRANZEN, Jens L.: Auf dem Grunde des Urrheins – Ausgrabungen bei Eppelsheim. Natur und Museum, 130 (6), S. 169–180, Frankfurt am Main 2000

FRANZEN, Jens L.: Dinotherium-Museum in Eppelsheim eröffnet. Natur und Museum, 131 (12), S. 449–450, Frankfurt am Main 2001

FRANZEN, Jens L.: Ein Paradies für Säugetiere? Das Obermiozän Mitteleuropas. Biologie unserer Zeit, 4, S. 234–242, Weinheim 2006

FRANZEN, Jens L.: Am Ufer des Urrheins. Jubiläumsfestschrift 1225 Jahre Eppelsheim 782, S. 9–12, Eppelsheim 2007

FRANZEN, Jens Lorenz / ROOS, Heiner / PROBST, Ernst: Das Dinotherium-Museum in Eppelsheim. Führer durch die Ausstellung. Herausgegeben vom Förderverein Dinotherium-Museum Eppelsheim, Eppelsheim 2009

GRUBER, Gabriele / SCHNEIDER, Wolfgang (Herausgeber): Zu Ehren von Johann Jakob Kaup (1803–1873), veröffentlicht vom Hessischen Landesmuseum, Darmstadt. Kaupia, Darmstädter Beiträge zur Naturgeschichte, 13, Darmstadt 2004

HELDMANN, Georg: Johann Jakob Kaup: Leben und Wirken des ersten Inspektors am Naturaliencabinet des grossherzoglichen Museums 1803–1873, Darmstadt 1955

HAUBOLD, Hartmut / DABER, Rudolf (Herausgeber): Fossilien, Minerale und Geologische Begriffe, Frankfurt am Main 1989

KOENIGSWALD, Gustav Heinrich Ralph von: *Metaschizotherium fraasi* n.g.n.sp., ein neuer Chalicotheriide aus dem Obermiocän von Steinheim a. Albuch. Bemerkungen zur Systematik der Chalicotheriiden. Aus: Paleontographica/ Supplement, Bd. 8, T. 8, S. 1–24, Stuttgart 1932

KURZ, Cornelia / GRUBER, Gabriele: Bestandskatalog von Typusmaterial und weiteren Originalen von Johann Jakob Kaup in der paläontologischen Sammlung des Hessischen Landesmuseums Darmstadt. Aus: GRUBER, Gabriele / SCHNEIDER, Wolfgang (Herausgeber): Zu Ehren von Johann Jakob Kaup 1803–1873; Kaupia, Darmstädter Beiträge zur Naturgeschichte, 13, S. 31–75, Darmstadt 2004

PALAEBIOLOGY DATABASE http://paleodb.org

PROBST, Ernst: Rekorde der Urzeit. Landschaften, Pflanzen und Tiere, München 2008

PROBST, Ernst: Deutschland in der Urzeit, München 1986

PROBST, Ernst: Der Ur-Rhein. Rheinhessen vor zehn Millionen Jahren, München 2009

PROBST, Ernst: Der Rhein-Elefant. Das Schreckenstier von Eppelsheim, Mainz 2010

PROBST, Ernst: Säbelzahnkatzen am Ur-Rhein. *Machairodus* und *Paramachairodus*, München 2010

PROBST, Ernst: Johann Jakob Kaup. Der große Naturforscher aus Darmstadt, München 2011

WIKIPEDIA (Online-Lexikon) http://wikipedia.org

ZAPFE, Helmut: *Chalicotherium grande* (BLAINV) aus der miozänen Spaltenfüllung von Neudorf an der March (Devínska Nová Ves). Band 2 von Neue Denkschriften des Naturhistorischen Museums in Wien, Wien 1979

Bildquellen

Klaus Benz, Mainz-Laubenheim: 58
Dmitry Bogdanov, Chelyabinsk (Russland): 36 unten
Dmitry Bogdanov (DiBgd), Chelyabinsk (Russland) /
CC-BY-SA3.0: 36 oben (via Wikimedia Commons),
lizensiert unter CreativeCommons-Lizenz by-sa-3.0-de
http://creativecommons.org/licenses/by-sa/3.0/legalcode
Gemeinde Eppelsheim: (Gemälde von Pavel Major, Prag):
46
Gemeinde Eppelsheim / Förderverein Dinotherium-
Museum Eppelsheim (Zeichnungen von Pavel Major, Prag):
1, 25, 40, 41 oben, 41 unten
Mike Everhart, Adjunct Curator of Paleontology, Sternberg
Museum of Natural History, Fort Hays State University,
Hays, Kansas: 29
Forschungsinstitut Senckenberg, Frankfurt am Main: 34
Dr. Jens Lorenz Franzen, Titisee: 7, 12, 43, (Zeichnung
Christine Hemm-Herkner): 14
Dipl.-Ing. Ansgar Hemm, Bad Wildungen: 42
Hessisches Landesmuseum Darmstadt: 16, 22 oben,
22 unten, 23, 24
Ernst Probst, Mainz-Kostheim: 44, 45, 54
Reproduktionen aus: ABEL, Othenio: Lebensbilder aus der
Tierwelt der Vorzeit. Zweite erweiterte Auflage, Wien 1927:
20, 30, 38, 52
Reproduktion von Fotos: 21 (Foto von 1916), 28, 53
Reproduktion: Steinmann-Institut für Paläontologie der
Universität Bonn: 17
Reproduktionen von Gemälden des Tiermalers Heinrich
Harder (1858–1935), Berlin: 26, 48 oben, 48 unten,
49 oben, 49 unten

Coverbild:
Porträt: Ölgemälde von Joseph Hartmann (1866)
Zeichnung aus: Atlas Dinotherii gigantei (1836) von August von Klipstein und Johann Jakob Kaup

Bücher von Ernst Probst

Rekorde der Urzeit. Landschaften,
Pflanzen und Tiere

Rekorde der Urmenschen. Erfindungen,
Kunst und Religion

Archaeopteryx. Der Urvogel
aus Bayern

Dinosaurier in Deutschland. Von Compsognathus
bis zu Stenopelix

Dinosaurier in Baden-Württemberg. Von Efraasia
bis zu Sellosaurus

Dinosaurier in Niedersachsen. Von Elephantopoides
bis zu Stenopelix

Dinosaurier von A bis K. Von Abelisaurus
bis zu Kritosaurus

Dinosaurier von L bis Z. Von Labocania
bis zu Zupaysaurus

Der Ur-Rhein. Rheinhessen vor zehn Millionen Jahren

Der Rhein-Elefant. Das „Schreckenstier" von Eppelsheim

Krallentiere am Ur-Rhein. Die Entdeckungsgeschichte
von Chalicotherium goldfussi

Menschenaffen am Ur-Rhein. Paidopithex, Rhenopithecus
und Dryopithecus

Säbelzahntiger am Ur-Rhein. Machairodus
und Paramachairodus

Johann Jakob Kaup. Der große Naturforscher
aus Darmstadt

Der Mosbacher Löwe. Die riesige Raubkatze
aus Wiesbaden

Deutschland im Eiszeitalter

Höhlenlöwen. Raubkatzen
im Eiszeitalter

Säbelzahnkatzen. Von Machairodus
bis zu Smilodon

Der Höhlenbär

Monstern auf der Spur. Wie die Sagen
über Drachen, Riesen und Einhörner entstanden

Affenmenschen. Von Bigfoot
bis zum Yeti

Seeungeheuer. Von Nessie
bis zum Zuiyo-maru-Monster

Bestellungen bei: www.grin.com